Mi mundo y la ciencia: Nivel 1

LA TIERRA TIENE CICLOS

Christian Lopetz
Traducción de Sophia Barba-Heredia

Un libro de El Semillero de Crabtree

Crabtree Publishing
crabtreebooks.com

Índice

¿Qué es un ciclo?

Un **ciclo** es algo que sucede una y otra vez. Nuestro planeta Tierra tiene muchos ciclos.

Un ejemplo de un ciclo es el día y la noche.

Cada día comienza con el **amanecer**. Al mediodía, el Sol está en su punto más alto.

El Sol **se pone** al final de cada día. La noche comienza y permanece hasta que el día empieza otra vez.

Las cuatro estaciones

Las estaciones son un ciclo porque suceden cada año.

Hay cuatro estaciones en un año.

Son el verano, la primavera, el otoño y el invierno.

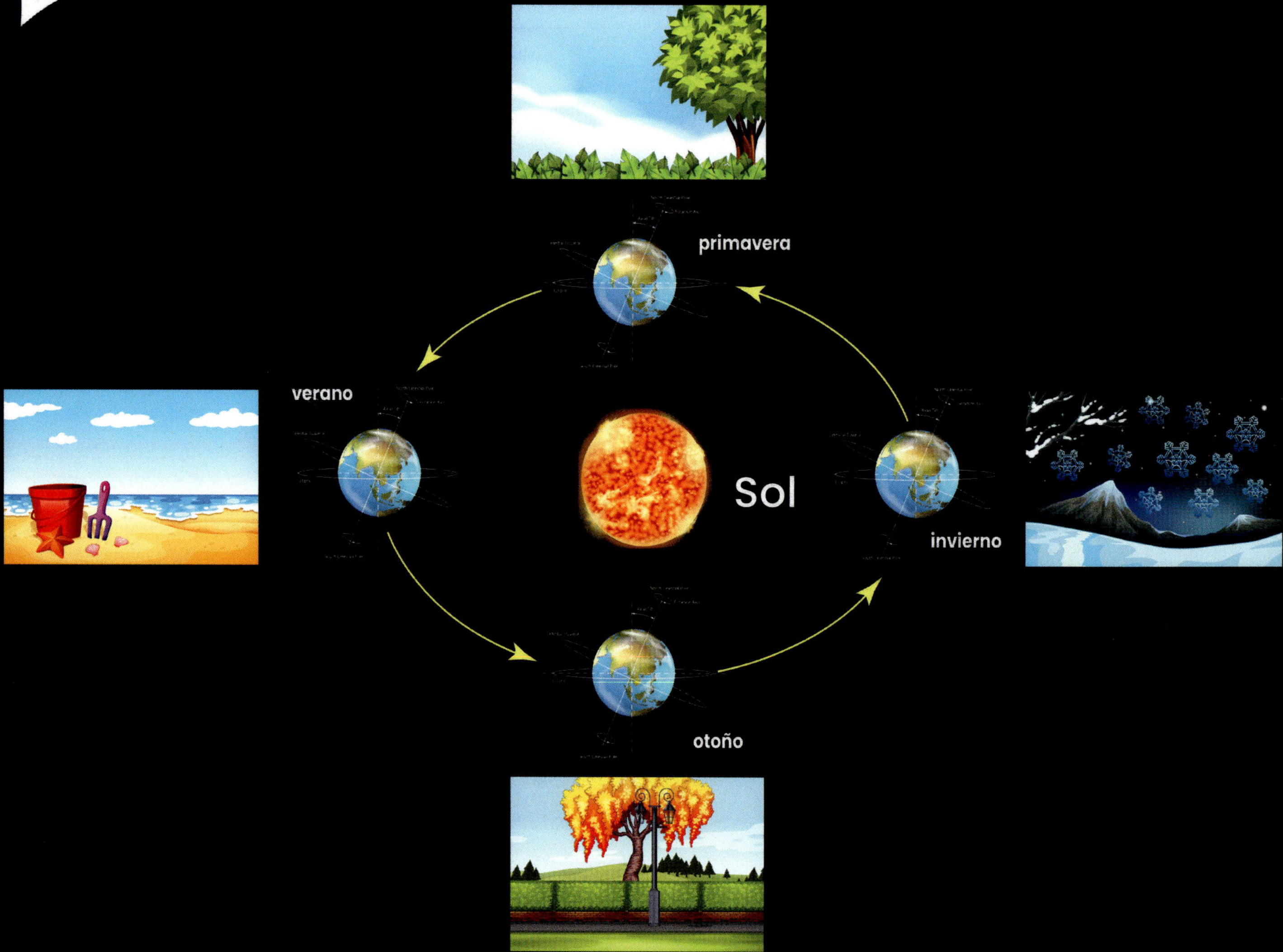

Estaciones de la tierra

La primavera sigue al invierno y trae climas más cálidos. Las flores comienzan a crecer.

El verano sigue a la primavera. En verano, el clima es soleado y caliente.

El otoño sigue al verano. Las hojas cambian de color y caen de los árboles antes de que el invierno comience.

El invierno sigue al otoño. Es la estación más fría.

¡! Las estaciones siempre suceden en el mismo orden.

El ciclo del agua

Cuando el Sol calienta los ríos, océanos y lagos, se forma el **vapor de agua**. El agua evaporada **se eleva**, luego se enfría y se convierte en gotas de agua.

Las gotas de agua se agrupan y forman nubes.

Cuando las nubes se ponen muy pesadas, las gotas de agua caen como lluvia o nieve.

¡El ciclo del agua es la forma en que la Tierra reutiliza el agua.!

Ciclos de vida

Los animales tienen un **ciclo de vida**.

Los animales nacen, crecen, se **reproducen** y mueren. Este ciclo sucede una y otra vez.

Ciclo de
vida de una
gallina.

Las plantas también tienen un ciclo de vida. Muchas plantas nacen de semillas.

Cuando la planta crece, produce nuevas semillas. Las semillas caen a la tierra y el ciclo comienza nuevamente.

Glosario

amanecer: Es el momento en el que el Sol aparece por el horizonte en la mañana.

ciclo: Un evento que se repite una y otra vez.

ciclo de vida: Los cambios que todos los seres vivos atraviesan desde el nacimiento hasta la muerte.

ciclo del agua: El movimiento continuo de toda el agua de la Tierra.

reproducen: Que hacen más de algo.

se eleva: Que se mueve hacia arriba.

se pone: Cuando el Sol se mueve por debajo del horizonte.

vapor de agua: Un gas que se forma cuando el agua se pone caliente.

Índice analítico

Apoyos de la escuela a los hogares para cuidadores y maestros

Este libro ayuda a los niños en su desarrollo al permitirles practicar la lectura. Abajo están algunas preguntas guía para ayudar al lector a fortalecer sus habilidades de comprensión. En rojo hay algunas opciones de respuesta.

Antes de leer:

- **¿De qué pienso que tratará este libro?** *Pienso que este libro es sobre los diferentes ciclos de la Tierra. Pienso que este libro es sobre el clima en la Tierra.*
- **¿Qué quiero aprender sobre este tema?** *Quiero aprender qué son los diferentes ciclos de la Tierra. Quiero aprender cuánto dura cada ciclo de la Tierra.*

Durante la lectura:

- **Me pregunto por qué...** *Me pregunto por qué el vapor de agua se eleva. Me pregunto por qué los animales mueren.*
- **¿Qué he aprendido hasta ahora?** *Aprendí que animales y plantas tienen un ciclo de vida. Aprendí que las estaciones siempre suceden en el mismo orden.*

Después de leer:

- **¿Qué detalles aprendí de este tema?** *Aprendí que hay cuatro estaciones en un año: primavera, verano, otoño e invierno. Aprendí que el vapor de agua se eleva, luego se enfría y después cae como gotas de lluvia o nieve.*
- **Lee el libro de nuevo y busca las palabras del glosario.** *Veo la palabra **ciclo** en la página 4 y las palabras **vapor de agua** en la página 12. Las demás palabras del vocabulario están en la página 23.*

Crabtree Publishing

crabtreebooks.com 800-387-7650

Print book version produced jointly with Blue Door Education in 2022

Hardcover 978-1-0396-2029-2
Paperback 978-1-0396-2036-0
Ebook (pdf) 978-1-0396-2043-8
Epub 978-1-0396-2050-6
Read-along 978-1-0396-2057-5
Audio book 978-1-0396-2064-3

Printed in Canada/052023/CP20230525

Library and Archives Canada Cataloguing in Publication
Title: La Tierra tiene ciclos / Christian Lopetz ; traducción de Sophia Barba-Heredia.
Other titles: Earth has cycles. Spanish
Names: Lopetz, Christian, author. | Barba-Heredia, Sophia, translator.
Description: Series statement: Mi mundo y la ciencia: Nivel 1 | Translation of: Earth has cycles. | Includes index. | "Un libro de el semillero de Crabtree". | Text in Spanish.
Identifiers: Canadiana (print) 20210261196 | Canadiana (ebook) 2021026120X | ISBN 9781039620292 (hardcover) | ISBN 9781039620360 (softcover) | ISBN 9781039620438 (HTML) | ISBN 9781039620506 (EPUB) | ISBN 9781039620575 (read-along ebook)
Subjects: LCSH: Earth sciences—Juvenile literature. | LCSH: Earth (Planet)—Juvenile literature.
Classification: LCC QE29 .L6618 2022 | DDC j550—dc23

Published in Canada
Crabtree Publishing
616 Welland Avenue
St. Catharines, Ontario
L2M 5V6

Published in the United States
Crabtree Publishing
347 Fifth Avenue
Suite 1402-145
New York, NY 10016

Written by Christian Lopetz
Translation to Spanish: Sophia Barba-Heredia
Spanish-language layout and proofread: Base Tres

Photo credits: Cover ©gattopazzo; Page 5 By pryzmat; Page 6 © Inna Bigun/7By Elkee123; Page 8/9 photobak.kiev.us; Page 10/11 © By BlueRingMedia; Page 12/13 © Kletr; Page 14/15 © By Designua; Page 16/17 © slowmotiongli; Page 18/19 © Peter Baxter, gualtiero boffi, Splash, dabjola, Gala_Kan, Daniel Wiedemann, s_oleg; Page 20/21 © Bogdan Wankowicz; Page 22/23 © gualtiero boffi, Brogin Alxey, Nikolay Okhitin, pzAxe; Alex Garoev, D. Copy, LianeM, crist180884; All images from Shutterstock.com except pages 2-3 © alexmak72427/istock.com

Library of Congress Cataloging-in-Publication Data
Names: Lopetz, Christian, author. | Barba-Heredia, Sophia, translator.
Title: La tierra tiene ciclos / Christian Lopetz ; traducción de Sophia Barba-Heredia.
Other titles: Earth has cycles. Spanish
Description: New York, NY : Crabtree Publishing Company, 2022. | Series: Mi mundo y la ciencia: nivel 1 - un libro el semillero de Crabtree | Includes index.
Identifiers: LCCN 2021031717 (print) | LCCN 2021031718 (ebook) | ISBN 9781039620292 (hardcover) | ISBN 9781039620360 (paperback) | ISBN 9781039620438 (ebook) | ISBN 9781039620506 (epub) | ISBN 9781039620575
Subjects: LCSH: Earth sciences--Juvenile literature. | Earth (Planet)--Juvenile literature.
Classification: LCC QE29 .L7318 2022 (print) | LCC QE29 (ebook) | DDC 550--dc23
LC record available at https://lccn.loc.gov/2021031717
LC ebook record available at https://lccn.loc.gov/2021031718